AF591692

G.-L. Ternaux

MÉMOIRE

SUR

LES EXPÉRIENCES

FAITES A SAINT-OUEN, PRÈS PARIS,

POUR

LA CONSERVATION DES GRAINS

DANS UN SILO,

OU FOSSE SOUTERRAINE,

ET RAPPORT fait à la Société d'Encouragement par Mr. TERNAUX l'aîné, Négociant Manufacturier, Membre de la Chambre des Députés, du Conseil général du Département de la Seine, etc., etc.

A PARIS,

CHEZ
DELAUNAY, Palais-Royal, galerie de Bois;
BRISSOT-THIVARS, rue Neuve-des-Petits-Champs, n°. 22;
PONTHIEU, Palais-Royal, galerie de Bois;
MONGIE aîné, boulevart Poissonnière;
L'ADVOCAT, Palais-Royal, galerie de Bois.

1820.

RAPPORT

A LA SOCIÉTÉ

D'ENCOURAGEMENT.

J'AI eu l'honneur de mettre sous les yeux de la Société une copie du procès-verbal que des personnes recommandables, dont plusieurs appartiennent à votre conseil d'administration, ont dressé, le 10 décembre 1819, de l'expérience que j'ai fait faire à Saint-Ouen, près Paris, sur la conservation des grains dans une fosse souterraine, que je nomme *silo*. Ce mot, basque d'origine, est celui dont on se sert en Espagne pour qualifier cette espèce de cavité où l'on conserve les céréales.

Aujourd'hui, j'apporte à la Société plusieurs procès-verbaux qui sont relatifs à cette expérience.

Le premier constate l'état dans lequel s'est

trouvé le grain lorsque l'on a fait l'ouverture du silo.

Le second énonce le produit d'une portion de ce grain mis en farine dans les différentes qualités.

Le troisième décrit et analyse le pain provenant de ces diverses espèces de farine.

L'intérêt que la Société porte à tout ce qui tend à accroître la prospérité publique et à rendre l'existence des hommes plus facile et plus assurée, lui fera apprendre sans doute avec satisfaction que ces diverses expériences ont produit d'heureux résultats.

Elle verra par la teneur des procès-verbaux, que sur 199 hectolitres de froment qui ont passé dix mois et demi dans le silo, un seul environ s'est trouvé avoir contracté une faible odeur de moisissure, ce qui s'explique naturellement par le contact immédiat de cette quantité avec la partie supérieure du silo, dont la maçonnerie, en brique et ciment, venait d'être récemment construite.

La Société remarquera qu'excepté cette petite quantité de grain, tout s'est trouvé dans le meilleur état de conservation que l'on puisse désirer ; mais si, comme on peut s'en convaincre, ce grain, légèrement avarié, a produit d'assez belle farine et du pain passable, le reste a dû donner des qualités excellentes. La Société en jugera elle-même par les échantillons du pain qui vient d'être mis sous ses yeux.

Ainsi se trouve constaté par une expérience dont vous avez été les témoins, tout ce qui s'est opéré dans l'intervalle de la mise du grain dans le silo et son extraction, et nous connaissons d'une manière authentique les avantages que nous pouvons espérer de la conservation des grains dans les fosses souterraines, à l'imitation des procédés employés par les peuples d'Italie, d'Espagne, de Pologne, et même par les anciens Gaulois, nos ancêtres; avantages si bien décrits par notre estimable confrère, M. le comte de Lasteyrie, dans son excellent Mémoire imprimé dans le Bulletin de la Société en février dernier.

Il serait peut-être utile de rechercher les causes qui ont fait perdre cet usage parmi nous, et l'époque à laquelle il a cessé d'exister.

Ces recherches me paraissent tellement importantes, que j'ai l'honneur de vous proposer de décerner une médaille d'or de 300 fr., dont je désire faire les frais, à l'écrivain qui, au jugement de la Société, aura rédigé le Mémoire le plus satisfaisant sur cette matière. Heureux si je puis fournir ainsi quelques moyens de vaincre le préjugé qu'on aura vraisemblablement à combattre pour faire adopter aux cultivateurs, aux spéculateurs, aux négocians en grains, une méthode dont les avantages constatés doivent sans hésiter la faire préférer à tout autre; ce que je vais tâcher de vous démontrer, sans craindre d'abuser de vos momens; l'objet est si important, que quand même je tomberais dans quelques erreurs, on pourrait encore me savoir gré d'avoir excité une discussion approfondie.

Tout le monde sait que si le développement des germes, comme le changement de tous les corps solides, s'opère par l'action de ce que mon peu de familiarité avec les termes thecniques de la chimie moderne me force d'appeler les quatre élémens, le fer, l'eau, l'air et la terre, la décomposition inévitable, mais plus ou moins prompte de ces germes, s'effectue aussi par l'influence de ces quatre grands agens de la nature sur tout ce qui existe c'est donc en préservant autant et aussi long-temps que possible un être quelconque de cette influence, que l'on peut atteindre à sa plus longue conservation.

Les réflexions suggérées par cette théorie ont été fortifiées chez moi par les renseignemens que j'ai recueillis de mes maisons d'Italie, de mes correspondans en Espagne et des communications que j'ai eues à ce sujet avec plusieurs généraux et intendans militaires qui ont fait la guerre dans ces pays, ainsi qu'en Russie. C'est d'après ces données que dans le courant du mois de novembre de l'année dernière, j'ai fait mettre dans le silo, par un temps pluvieux, 200 hectolitres de blé froment; malgré toute la contrariété atmosphérique que j'éprouvais, je ne doutais nullement de leur bonne conservation, attendu les précautions que j'avais prises.

En effet, Messieurs, la couche de 25 centimètres de paille de seigle qui revêt les parois de ce silo, coupe 1°. toute communication avec la terre dans laquelle il est construit; 2°. avec l'air atmosphérique, l'oxigène ou l'azot, puisque le silo est hermétiquement fermé; 3°. la naissance de la voûte, ou plutôt le fond de la cheminée du silo étant à trois pieds et demi sous terre, l'impression de la grande chaleur, comme celle de la gelée, ne peut se faire sentir : ainsi le contact avec la masse du feu ou le calorique n'a pas lieu non plus; 4°. relativement à l'action du quatrième élément, l'eau, il ne peut, non plus que les autres, opérer dans cette situation la fermentation du blé, parce que, comme je le démontrerai plus bas, sa présence habituelle dans la terre n'est pas dangereuse, et parce qu'on doit s'assurer d'avance, comme je l'ai fait, qu'aucune infiltration extraordinaire dans le silo ne peut avoir lieu, choisissant pour l'établir une élévation ou monticule qui ôte toute crainte de la descente des eaux supérieures, soit une terre assez glaiseuse, argilleuse, ou enfin assez compacte pour ne pas les laisser s'introduire, soit enfin en employant une maçonnerie en briques et ciment suffisante pour arrêter l'infiltration.

Mais ce dernier moyen, outre qu'il est assez dispendieux pour détruire une partie des avantages que l'on peut se promettre en conservant le blé dans le silo, ne présente pas une sécurité suffisante; il doit être rarement employé selon moi, et seulement dans le cas où les terres n'offrent pas assez de solidité pour poser sur la retraite formée à la naissance de la concavité du silo la petite maçonnerie en briques qu'on établit pour pouvoir le fermer hermétiquement et solidement à une certaine distance de la surface de la terre ; mais dans ce seul cas, celui où le terrain disposé ainsi ne serait pas assez ferme pour soutenir cette maçonnerie, il est bien à craindre que les infiltrations d'eau n'aient lieu, parce qu'agissant par son poids, la masse fluide fatiguerait assez la maçonnerie pour la détruire insensiblement; alors l'eau finirait probablement par s'introduire par un endroit quelconque.

Il n'est pas nécessaire au reste que la terre dans laquelle on dépose le grain, soit parfaitement sèche et exempte de son humidité naturelle ; le silo que j'ai fait faire ne remplissait pas cette condition ; au contraire, d'après l'analyse qu'en ont faite MM. Bosc, Thénard et Clément, beaucoup de terrains présentent, comme on peut le voir par le procès-verbal, plus d'avantages que le tuf marneux dans lequel j'ai fait faire le silo. Je me suis assuré seulement qu'il ne pouvait pas devenir un puisard pour les terres adjacentes, et cette condition seule m'a paru suffisante ; mais je la considère comme rigoureuse, bien qu'avec un lit de paille de l'épaisseur de 25 centimèt. plus ou moins, on puisse garantir les blés de tout contact avec l'eau que la terre renferme naturellement ; il serait impossible même, avec une plus grande épaisseur, de préserver le silo d'une infiltration continue, quelque petite qu'elle soit, et par conséquent de mettre le grain hors de contact avec la masse d'eau qui l'environne. Dans ce seul cas, il faudrait recourir à la maçonnerie en brique et ciment, pour la confection entière du silo ; mais ce moyen, ainsi que je l'ai dit, sans être aussi dispendieux que les méthodes suivies jusqu'à ce jour, serait trop coûteux, et il faudrait, non-seulement séparer cette maçonnerie de la terre par une couche d'un pied d'épaisseur de sable fin de rivière, comme les Romains l'ont pratiqué pour les silos taillés dans le roc, que l'on voit encore à Amboise, et que l'on nomme vulgairement les greniers de César, mais encore il faudrait revêtir le mur en brique d'une couche de paille de seigle, comme si le contact était immédiat avec la terre : sans cette précaution, le grain éprouverait quelque avarie, ou au moins contracterait quelque odeur, et le mur en brique pourrait se lézarder par la dilatation du grain.

En effet, bien que le blé ne soit plus en contact avec aucun des élémens qui provoquent la germinaison, on ne peut se dissimuler que lui-même ne soit, comme tous les corps, un composé de ces mêmes élémens, et ne les renferme dans une certaine proportion, puisque l'épi qu'il a formé ne s'est développé que par leur concours : or, comme par une des lois de la nature, ces particules des élémens tendent necessairement à se séparer, et à retourner à leur masse primitive, la dissolution, cette loi commence à tous les êtres, est inévitable, et elle commence dans le blé, par la dilatation.

C'est ce qui explique, selon moi, pourquoi, au lieu de 199 hectolitres, déposés dans le silo, il s'en est trouvé 205 lors de l'extraction, tandis que d'un autre côté, la pesanteur spécifique n'était plus la même, et avait diminué.

Cet effet, remarqué dans toutes les circonstances analogues, prouve que le meilleur moyen est de conserver le grain dans son enveloppe naturelle, qui est la paille, parce que celle-ci se prête à la dilatation du germe, quel que soit son développement.

Lors de l'ouverture du silo, aucune des personnes présentes ne faisait de doute, en voyant la situation du grain, qu'il ne se fût maintenu pendant un nombre d'années plus ou moins grand, dans un état excellent de conservation; mais cependant personne ne pensait que cet état de choses pût être éternel : c'est pour ce motif que j'ai hasardé, sur la dissolution et la conservation des substances, quelques réflexions que je pense applicables particulièrement à celle dont il est question. Au surplus, cette théorie recevra quelque appui ou quelque modification par les expériences qui ont été ordonnées par M. le préfet de la Seine, entr'autres par celles des grains déposés dans un silo en brique, lequel n'a pas été revêtu intérieurement d'enveloppe de paille, et qui sera découvert dans quelques mois.

A cette expérience, il en a été joint deux autres, l'une de grains enfouis purement et simplement dans la terre bien sèche. Si je pense que les précautions prises par cette dernière méthode de conserver, ont été insuffisantes, je ne crois pas que la troisième épreuve faite dans un silo de fonte ou de plomb, très-dispendieuse d'ailleurs, soit exempte d'une partie des inconvéniens que je redoute pour celle faite dans un silo en brique.

Je l'avoue, Messieurs, j'ai été d'autant plus excité à faire l'expérience que j'ai décrite, que si les autres venaient à manquer, nous pourrions encore rester long-temps plongés dans le doute que le préjugé tend à perpétuer, lorsqu'il est si important de le détruire.

En effet, Messieurs, en calculant les avantages immenses qui doivent résulter pour les agriculteurs et les consommateurs, d'une conservation des céréales aussi sûre, aussi facile et aussi économique, on est étonné que des essais multipliés et des recherches profondes n'aient pas été faites plutôt à ce sujet.

D'après les estimations générales, la plupart des personnes livrées au commerce ou à l'administration de cette précieuse denrée, évaluent à 10 p'. 0/0, la perte résultant de l'intempérie des saisons et des attaques des animaux de toute espèce sur les blés, par les moyens employés jusqu'ici pour leur conservation, soit dans les greniers, soit dans les meules ; certainement ce déficit n'est pas toujours aussi considérable ; mais souvent il est beaucoup plus fort. J'adopte un terme moyen, sur lequel on s'accorde généralement, et cette supputation est d'autant plus fondée, que la ville de Paris alloue annuellement aux entrepreneurs et soumissionnaires la somme de 1 fr. 30 c. par quintal métrique, pour la conservation et l'entretien des blés de ses réserves. Or, en évaluant le quintal à 22 fr., prix moyen, cela fait près de 6 1/2 p^r .0/0 de la valeur.

Il faut observer que cette allocation est faite à des personnes dont le talent, l'expérience et les soins sont consacrés entièrement à cette conservation, et qu'elle ne peut avoir lieu partout généralement avec les mêmes avantages.

En outre de cette rétribution, la ville de Paris fournit les greniers et emplacemens où sont conservés les blés : non-seulement le capital de ces locaux est très-considérable, à cause de la petite quantité de grains que l'on peut y conserver, proportionnellement à l'emplacement qu'ils occupent, mais encore leur entretien est fort onéreux, à cause de celui des planchers.

La réunion de ces dépenses ne peut être évaluée à moins de 75 centimes par quintal métrique, d'après les calculs de M. le directeur de la réserve, ce qui ajoute encore 3 1/2 aux 6 1/2 p^r. 0/0, et forme un total de 10 p^r. 0/0 de la valeur, puisque 2 fr. 25 sur 22 fr., donnent ce résultat.

Je ferai observer que, dans cette dépense faite par la ville de Paris, pour la conservation de ses réserves en blé, ne sont pas compris les frais d'administration relatifs, parce que, de toute manière, elle serait obligée de les supporter, quoiqu'on ne puisse nier que la surveillance de cette administration serait plus sûre, plus facile, et conséquemment plus économique, si les céréales étaient conservés dans des fosses hermétiquement fermées, au lieu de l'être dans des greniers constamment ouverts, et où il faut aller chaque jour. Au reste cette dernière dépense doit d'autant moins être comprise dans mes calculs, que les agriculteurs, les négocians, et les spéculateurs en grains, n'ont pas à la supporter, et que mon but n'est que de démontrer l'avantage qu'il y aurait pour ceux-ci d'abandonner le moyen de conservation en usage jusqu'à présent, pour adopter celui en question dans ce rapport.

Il est prouvé qu'il en coûte aux administrations 10 pour 100 de la valeur des blés, lorsqu'on prend toutes les précautions requises pour leur bonne conservation, et beaucoup plus cher si on ne les prend pas ; il n'est pas moins démontré qu'il n'en coûte pas 1 pour 100 par la méthode que j'ai éprouvée. En effet, Messieurs, on voit par les procès-verbaux que j'ai l'honneur de vous soumettre, qu'y compris l'intérêt du capital à 6 pour 100 pour les dépenses du premier établissement d'un petit silo, contenant 200 hectol. de froment, il en a coûté 156 fr. 63 c. On peut calculer aisément que cette dépense serait tout au plus double pour un silo capable de contenir 600 hectolitres. Cette dimension, usitée en Espagne, est, je pense, la plus convenable. Ainsi donc, 1°. au lieu de 75 cent. par hectolitre, il n'en coûterait plus que 50 ; 2°. j'ajouterai que lors du renouvellement du blé dans le silo, il ne m'en a coûté que 104 fr., au lieu de 156 fr. 63 c. ; et il est à remarquer que la presque totalité de cette dépense consiste dans le renouvellement de la paille ; ceci produit encore une diminution d'un quart, et réduit la dépense de 37 cent.

par hectolitres. Je ferai observer que la paille que j'ai été obligé d'acheter m'a coûté fort cher, que j'ai payé aussi fort cher la main-d'œuvre ; que l'un et l'autre de ces deux objets reviendraient à beaucoup moins dans les campagnes. Je n'ai point fait non plus entrer en déduction la paille retirée du silo, qui a cependant pu servir encore de litière aux bestiaux et produire du fumier ; je passe ces objets pour mémoire, quoiqu'ils puissent entrer en ligne de compte.

D'après ces calculs, si les blés déposés dans les silos étaient extraits chaque année, il en coûterait 37 cent. pour la conservation d'un hectolitre de la valeur de 17,50, ce qui fait 2 pour 100 de la valeur ; mais ces blés n'en seront sûrement pas extraits chaque année ; et comme le principal avantage de ce mode de conservation est de mettre en réserve les blés dans les années d'abondance, pour parer à celles où il y a disette, ce qui arrive communément dans une période de cinq années, si l'on n'ouvre le silo qu'au bout de deux ans, la dépense de conservation ne se portera qu'à 1 pour 100, et à 578^{m}. pour 100 si l'extraction du blé n'a lieu qu'au bout de trois ans, et ainsi de suite.

Mais, Messieurs, le profit ou l'économie de 10 pour 100, ou au moins de 8 pour 100, que retireraient les agriculteurs, les négocians et les spéculateurs en blés, de cette manière de les conserver, ne sont pas les seuls avantages qui résulteront pour la France de son adoption.

Il en est beaucoup d'autres sur lesquels on doit appeler l'attention du public, et particulièrement de l'administration qui doit veiller à l'intérêt de tous.

Voici quels sont les principaux :

1°. De se procurer des réserves en blé plus sûres, plus économiques, donnant la certitude que les années d'abondance arriveront toujours au secours des années de disette. En effet, si l'agriculteur, le marchand ou le spéculateur en blé est obligé de précompter sur la chance de son bénéfice, 10 pour 100 pour le dépérissement et l'entretien de la marchandise qu'il réserve, et d'y ajouter 5 pour 100 de l'interêt du capital, il faut qu'il ait la certitude que dans l'espace de trois années, le blé subira une hausse de 50 pour 100. En ayant déjà 45 à supporter : s'il faut qu'il garde cette denrée pendant cinq ans, il est nécessaire qu'il y ait surhaussement de prix de 80 à 90 pour 100 pour qu'il puisse retrouver ses avances et son bénéfice : cela arrive communément depuis nombre d'années, et il est probable que cela continuera d'exister aussi long-temps que la législation et l'ordre de choses existant en France actuellement ne seront pas améliorés; mais malgré cela, peu de personnes consentent à se livrer à ce commerce d'une manière un peu étendue, non-seulement parce que les chances qu'il présente ne sont pas assez favorables pour les motifs précités, mais encore parce que les particuliers s'éloignent d'un genre d'affaires qui, au moment où il donne des bénéfices capables de compenser les chances de pertes, les expose, bien injustement sans doute, aux injures, aux soupçons, aux attaques de la partie la plus nombreuse et la moins éclairée de la population.

D'ailleurs, comme il est constant que le Gouvernement fait dans ces circonstances des sacrifices qui seraient hors de la volonté comme du pouvoir des négocians, ceux d'entr'eux qui ont des rapports avec l'administration peuvent seuls se livrer à ces spéculations. Chacun sait que le commerce honnête, dont la liberté est l'ame, ne redoute qu'une espèce de concurrence, celle des hommes qui vendent à perte ou à sacrifice, classe d'hommes que le Gouvernement représente vis-à-vis des négocians et spéculateurs.

Si, au contraire, le spéculateur ou négociant n'est obligé de précompter que ses avances à 1 pour 100, il suffit que le blé monte seulement de 22 pour 100 au bout de trois ans, ou de 40 pour 100 dans l'espace de cinq années, et il résultera de là que beaucoup plus de négocians et de capitaux se jetteront dans le commerce de blé, parce qu'il y aura plus à y gagner, proportionnellement aux chances; alors le Gouvernement ne sera plus obligé de s'en mêler, et le commerce régulier sera d'autant plus encouragé, qu'il sera débarrassé de la concurrence qui l'inquiète le plus.

2°. A l'avantage qui résulte pour le commerce et les approvisionnemens de ce meilleur mode de conservation, il faut y joindre celui qu'il y aura pour l'agriculture de voir le prix se soutenir dans les années abondantes, et ne pas tomber dans un avilissement tel que le recouvrement de l'impôt devient difficile ou onéreux, car alors les terres ingrates restant sans culture, plusieurs années d'abondance amènent nécessairement des années de disette, *et vice versâ*. Au reste, ce n'est pas seulement l'agriculture qui éprouvera les heureux effets de cette meilleure répartition du prix sur un certain nombre d'années, c'est aussi le consommateur mal à l'aise, qui ne se verra pas exposé à ne pouvoir plus substanter sa famille, et obligé de donner au boulanger le salaire entier de ses travaux, comme il l'a fait en 1816 et 1817; enfin, il résulterait de ce nouvel ordre de choses un grand bien pour les manufactures; elles ne seraient plus dans la triste situation où elles se sont trouvées en 1818 et 1819, par suite de la diminution de consommations que la disette des précédentes années avait occasionnée.

3°. La récolte générale des blés en France peut être évaluée à environ 60 millions d'hectolitres; je crois cette supputation d'autant plus rapprochée de la vérité, qu'elle donne un peu moins d'une livre de pain par jour pour chaque individu, faisant partie d'une population de 28 millions d'habitans.

En supposant que l'économie ne porte que sur la moitié de cette quantité, sur 30 millions d'hectolitres, valant au prix de 17 fr. 50 cent., 525 millions, cette économie, à raison de 10 pour 100, sera de 52 millions et demi au profit de la société.

D'un autre côté, comme d'après les calculs que j'ai établis au commencement de ce Mémoire, les deux tiers de cette valeur se trouvent en froment conservé, et l'autre tiers en économie de manutention, d'emplacement et d'entretien de bâtimens, il en résulte une masse de deux millions quatre cent mille hectolitres de plus dans la consommation, laquelle, dans la proportion que j'ai établie pour les 60 millions, suffit pour nourrir douze cent mille individus de plus.

Il est bon d'observer que les orges, avoines et autres céréales peuvent probablement être aussi conservées de la même manière; que non-seulement les fromens sont hors de l'atteinte des insectes et de tous autres animaux qui les attaquent, mais encore qu'ils sont plus à l'abri des incendies et des vols; de là résulte un nouvel avantage dont le commerce sentira tout le prix, la facilité de faire avec sécurité et d'obtenir des prêts sur cette denrée, disposée ainsi; le possesseur de grains, qui ne peut ou ne veut pas vendre, mais conserver, peut trouver facilement à emprunter sur ce gage, et il est bien moins exposé à subir la loi de la circonstance dans laquelle il se trouve.

Dans le royaume de Naples, où la récolte des huiles est sujette à de grandes variations, on a établi d'immenses citernes imperméables, dans lesquelles divers particuliers déposent les récoltes de la même année et de même qualité d'huile. Le custod ou le garde-juré de ces magasins délivre des reçus de la quantité de cantaros déposés dans les citernes ; ces reçus se négocient à la Bourse, au cours du jour des huiles, comme tout autre effet, et de la même manière, le porteur de ces obligations pouvant se faire délivrer chaque jour les huiles que représentent ces bons, enfin les réaliser à chaque instant ; ils jouissent d'un très-bon crédit, se placent facilement. Ne serait-il pas possible, par la suite, d'user des mêmes moyens pour la réserve des blés mis dans le silo, lorsque le public sera familiarisé avec cette manière de conserver les grains ? De quel avantage enfin cela ne serait-il pas pour former les réserves et approvisionnemens des grandes villes, notamment de celle de Paris ?

COPIE

Du Procès-Verbal de l'Expérience faite à Saint-Ouen, près Paris, chez M. le Baron TERNAUX, *pour la Conservation du Blé dans un Silo.*

---

10 Décembre 1819.

L'AN mil huit cent dix-neuf, le 10 décembre, nous, Jean-Baptiste Poirier, maire de la commune de Saint-Ouen, près Paris, arrondissement de Saint-Denis, département de la Seine, invité par M. le baron Ternaux, chevalier de l'ordre royal de la Légion d'honneur, membre de la chambre des députés, manufacturier, vice-président du conseil-général des manufactures, membre du conseil général du département de la Seine, de la chambre de commerce de Paris et du comité pour l'amélioration des arts et de l'industrie, propriétaire en cette commune, à constater les procédés employés par lui pour une expérience qu'il exécute en ce moment pour la conservation des grains sous terre, au moyen de la privation d'air atmosphérique et de l'isolement de l'humidité,

Nous sommes rendu au lieu de l'expérience, situé à la droite, en-dehors de la grille de sa maison de campagne en cette commune, dans l'angle formé par le mur de son parc avec ladite grille, et à ciel ouvert;

Là, nous avons trouvé M. le baron Ternaux, auquel s'étaient réunis :

MESSIEURS,

1°. Ternaux-Rousseau, propriétaire, ancien manufacturier;

2°. La Biche, chef de la 7e. division du ministère de l'intérieur (agriculture et subsistances);

3°. Le comte de Lasteyrie, membre de plusieurs sociétés savantes;

4°. Le chevalier Bosc, membre de l'institut et de la société d'agriculture de la Seine;

5°. Le chevalier Busche, directeur de l'approvisionnement de Paris;

6°. Le baron Petiet, administrateur du service des fourrages de Paris;

7°. Jourdain, ancien directeur de subsistances militaires, adjoint de l'administrateur susdit;

8°. Et Andrieux, chef des ateliers de M. Ternaux, à Saint-Ouen, qui avaient été invités, tant par lui que par nous, à assister à cette opération, et en présence desquels nous l'avons reconnue et constatée ainsi qu'il suit:

1°. Il a été exécuté et construit dans le terrain ci-dessus désigné, lequel présente à un mètre de la surface du sol un tuf, qui, après avoir été analysé par M. le chevalier Bosc, présente une marne, qui, débarrassée de 5/8es. d'eau qu'elle contient, a donné 1/8e. d'argile, 3/8es. de sable quartzeux et 4/8es. de calcaire; l'échantillon dont M. le chevalier Bosc a fait l'analyse, a été pris au fond du silo: ce tuf est solide dans les couches supérieures, mais assez tendre dans celles inférieures, une fosse que M. le baron Ternaux appelle *silo:* cette fosse est de forme irrégulière, représentant une figure dont la partie inférieure est presque cylindrique, et la partie supérieure une demi-sphère. Ce silo a 3 mètres 900 millimètres de hauteur perpendiculaire, depuis la base jusqu'à l'ouverture d'une cheminée d'un diamètre de 1,000 millimètres ; cette cheminée, construite en briques liées avec chaux et sable, conduit à 20 centimètres de la surface du sol.

Le diamètre de la base du silo est de deux mètres huit cent cinquante millimètres ; celui du ventre, pris à un mètre cinq cents millimètres de la base, est de trois mètres deux cents millimètres ; enfin, ce diamètre, pris à deux mètres trois cents milimètres de la base, c'est-à-dire, au commencement de la maçonnerie, a trois mètres deux cent cinquante millimètres.

Ce silo est creusé depuis sa base jusqu'à la hauteur de deux mètres trois cents millimètres, dans le tuf nu ; à cette hauteur commence une maçonnerie en briques liées, chaux et sable, laquelle monte en cintre, et va mourir à la naissance de la cheminée ci-dessus décrite.

Nous avons remarqué que les parois de ce silo sont empreints de l'humidité naturelle du tuf.

M. le baron Ternaux nous a observé, que s'il eût su rencontrer dans le tuf de son terrain une aussi grande solidité, il se serait dispensé de faire les frais d'une voûte en briques, qui n'est pas nécessaire dans les terrains solides, ce qui, en augmentant les frais, éloigne (quoique peu sensiblement) du but qu'il se propose, qui est la grande économie dans la construction des greniers souterrains. M. le baron Ternaux nous a encore observé qu'il avait le désir de faire cette expérience dans un terrain d'argile forte, qui a moins d'aptitude à recevoir et conserver l'humidité, mais que n'ayant pas de ces terrains dans sa campagne de Saint-Ouen, il avait été déterminé à la faire dans le tuf, tant à cause de sa solidité, que par sa grande distance des eaux de la Seine, dont le niveau moyen est à plus de trente-quatre mètres au-dessous du sol, lequel est lui-même plus élevé que toute la plaine Saint-Denis; il pense que les moyens pris pour parer à l'humidité naturelle du tuf, et dont il sera parlé plus bas, seront suffisamment efficaces.

Le plan de ce silo, conforme aux dimensions ci-dessus, est joint au présent paraphe par nous, au dos duquel nous avons inscrit le détail des frais de sa construction, qui montent, suivant les notes qui ont été exactement tenues, par ordre de M. le baron Ternaux, à la somme de 587 francs 95 cent.;

d'où nous remarquons que les frais de construction de ce silo, en y comprenant la maçonnerie de la voûte, que M. le baron ne regarde pas comme nécessaire dans un terrain solide, et qui monte cependant à plus de moitié de la dépense, forment le septième environ de la valeur du grain qu'il peut contenir, en calculant deux cents hectolitres au prix coûtant de 22 francs l'hectolitre, ou 4,400 fr.

2°. Après avoir reconnu la forme, les détails de construction, la nature et les dimensions du silo, nous avons reconnu que les parois, depuis la base jusqu'à la naissance de la cheminée, ont été garnis de paille de seigle, longue et saine, de première qualité, à l'épaisseur de trente centimètres; que cette paille est peignée et débarrassée de fourrages et des plantes fermentescibles, et qu'elle est contenue par des crochets en fer, qui assujétissent des baguettes placées de manière à former un cercle entier de paille contre les parois. Ces baguettes en bois d'osier dépouillé, d'environ un centimètre de diamètre, sont placées à trente-trois centimètres de distance l'une de l'autre; de sorte que la paille est assujétie par treize cercles entiers de ces baguettes, fixées par deux cents crochets en fer, du bas en haut.

Le fond a été garni, 1°. d'un lit de fascines, à l'épaisseur de trente-deux centimètres; 2°. d'un lit de paille de seigle longue; 3°. d'une natte de paille tressée grossièrement, et recouvrant le tout, qui est pressé et foulé de manière à laisser le moins d'air possible.

Nous reconnaissons que les divers objets qui ont servi à la garniture intérieure du silo, ou d'autres analogues, se trouvent, sans frais, à la disposition des cultivateurs, à l'exception des crochets de fer, qui peuvent être aisément suppléés par des crochets en bois.

M. le baron Ternaux nous a présenté la note qu'il a fait tenir des dépenses de garnitures de silo, dont nous avons inscrit le détail au verso du plan dont il a été question plus haut, et nous avons reconnu qu'elle monte à 156 francs 63 centimes; d'où il résulte que cette dépense qu'il faudrait renouveler chaque fois que l'on userait de cette méthode de conservation, monte à 3 f. 56 c. pour 100 fr. de la valeur actuelle des grains à conserver, en prenant cette valeur d'après le calcul déjà fait à l'article des frais de construction.

Nous remarquons que les grains étant en ce moment à un prix très-modéré, ces dépenses seront proportionnellement moindres, lorsque les grains montant à un prix plus élevé, elles s'appliqueront à une plus plus grande valeur, sans s'appliquer à une plus grande quantité de grains. Il est à observer que ces frais de 3 56/100es. p^{r}. 0/0, ne s'élèveront pas à plus de deux pour cent, lorsque ce silo sera construit pour contenir quatre à six cents hectolitres, au lieu de deux cents, ce qui est d'une trop petite dimension, et que ces frais seront au plus d'un pour cent pour le cultivateur, dans une dimension convenable (voir la colonne d'observations en détail des frais de garniture intérieure du silo), confirmant d'ailleurs notre observation placée plus haut, qu'ils seront presque nuls pour un cultivateur qui possédera de pareils greniers souterrains dans sa ferme.

3°. Cette opération de la garniture du silo avait été terminée hier, 9 du courant; on avait fermé la bouche du silo pendant la nuit pour éviter que la bouche s'emparât de l'humidité de l'atmosphère, et nous avons reconnu que cette garniture était saine et en bon état; après quoi il a été procédé, ce-jourd'hui, à l'introduction du grain dans le silo.

Nous avons remarqué que ce grain, que M. le baron Ternaux nous a déclaré être de la récolte de 1818, des provenances de M. Oberkampf fils, dans le canton d'Essonne, département de Seine-et-Oise, était du blé froment de la récolte annoncée; qu'il était de bonne première qualité, sans être de la tête; assez sec, en bon état de conservation, n'ayant ni goût, ni odeur, et que chaque hectolitre de ce blé froment pesait 80 kilogrammes 4 décagrammes; il a été versé dans le silo 199 hectolitres de grain, qu'un homme pressait dans le silo, à mesure de l'opération; soit 199 kilogrammes 4 décagrammes.

La bouche intérieure a été fermée par un couvercle en bois de chêne, après avoir rempli autant qu'il a été possible, avec de la paille, l'espace entre le grain et le couvercle; la cheminée a été comblée de pierres et fermée hermétiquement d'une dalle, aussi en pierre, scellée avec du plâtre, M. Ternaux se proposant de faire rouvrir ce silo

dans

dans quinze jours ou un mois, pour faire remplir le vide qui pourrait avoir été occasionné par la pression du grain ; le tout a été recouvert de la terre provenant de l'excavation, par-dessus laquelle on a jeté plusieurs charretées de platras, et nous avons abandonné ce silo, à ciel ouvert, à l'influence de la saison, pour être ouvert quand il sera jugé convenable par M. le baron Ternaux. Cette opération a été faite par un temps pluvieux et couvert, le thermomètre marquant dans l'intérieur du silo, où il avait été laissé vingt-quatre heures, 5 degrés au-dessus de zéro de Réaumur, et à l'air libre 3 degrés au-dessus de zéro.

La construction du silo, qui s'est faite sous nos yeux, depuis le commencement d'octobre jusqu'à ce jour, a été constamment contrariée par la saison pluvieuse ; elle a fait souvent interrompre les travaux qui auraient pu être terminés en huit ou dix jours ; on y a remédié, en les couvrant et donnant un autre cours forcé aux eaux pluviales.

Fait, clos et arrêté à la réquisition de M. le baron Ternaux, le présent procès-verbal, auquel ont signé avec nous M. le baron Ternaux, et MM. Ternaux-Rousseau, La

Biche, le comte Lasteyrie, le chevalier Bosc, le chevalier Busche, le baron Petiet, Jourdain et Andrieux.

A Saint-Ouen, les jour, mois et an que dessus.

Signé JOURDAIN, le Comte LASTEYRIE, BOSC, PETIET, BUSCHE, LA BICHE, J.-B. POIRIER, TERNAUX-ROUSSEAU, G.-L. TERNAUX l'aîné.

PROCÈS-VERBAL

De la Sortie du Grain déposé dans un Silo ou Fosse souterraine, le 10 Décembre 1819.

Saint-Ouen, le 12 Otobre 1820.

L'AN mil huit cent vingt et le 12 octobre, et par continuation du procès-verbal dressé par nous le dix décembre mil huit cent dix-neuf, pour constater l'introduction de cent quatre-vingt-dix-neuf hectolitres de grain dans un silo, ou fosse à grain, à la campagne de M. Ternaux l'aîné, en la commune de Saint-Ouen,

Nous, Jean-Baptiste Poirié, maire de Saint-Ouen, arrondissement de Saint-Denis, département de la Seine, prévenu par M. Ternaux l'aîné, négociant-manufacturier, officier de l'ordre royal de la Légion d'honneur, membre de la chambre des députés, du conseil général du département de la

Seine, de la chambre de commerce de Paris, du comité pour l'amélioration des arts et de l'industrie, et du comité cantonnal d'instruction publique, propriétaire en cette commune, qu'il avait fixé cejourd'hui douze octobre, pour faire l'ouverture de ce silo et l'extraction du grain qu'il contient; et invité par lui à reconnaître cette opération et à constater ses résultats,

Nous sommes rendu à sa maison de campagne et sur l'emplacement où a été creusé, l'année dernière, le silo qui a été rempli de blé froment, et qui est plus amplement décrit, en outre, au procès-verbal du 10 décembre précité;

Là étant, nous avons trouvé une partie des personnes qui avaient été présentes à l'opération du 10 décembre 1817; savoir :

Messieurs,

1°. Ternaux l'aîné, sus-qualifié;

2°. Ternaux-Rousseau, propriétaire, ancien manufacturier;

3°. Le comte de Lasteyrie, membre de plusieurs sociétés savantes;

4°. Le chevalier Busche, directeur de l'approvisionnement de Paris;

5°. Jourdain, ancien directeur des subsistances militaires;

6°. Andrieux, chef des ateliers de M. Ternaux.

MM. le chevalier Bosc, La Biche et Petiet n'ayant pu s'y rendre, quoiqu'invités.

Divers fonctionnaires et propriétaires s'étaient réunis aux personnes ci-dessus désignées, sur l'invitation de M. Ternaux; savoir :

MESSIEURS,

7°. Le comte Chabrol de Volvic, conseiller d'Etat, préfet de la Seine;

8°. Le duc de la Rochefoucault-Liancourt, pair de France, etc.;

9°. Fauchat, chef de division au ministère de l'intérieur;

10°. Bournonville, chef de bureau, *idem*.

11°. J.-B. Say, membre du conseil-général d'administration de la société d'encouragement;

12°. Le général d'Aigremont;

13°. Clément, chimiste;

14°. A. Jaubert, maître des requêtes;

15°. Berard, *idem*.

16°. De Montamant, membre du conseil-général du département de la Seine;

17°. Valknaër, secrétaire-général de la préfecture de la Seine ;

18°. Champion de Villeneuve, conseiller de préfecture ;

19°. Gérard, ingénieur en chef du canal de l'Ourcq, membre de l'académie ;

20°. Hachette, ingénieur, membre de l'académie des sciences ;

21°. Mirbel, ancien secrétaire-général du ministère de l'intérieur ;

22°. Boscheron, de Toulon, payeur de la marine ;

23°. Kératry, député ;

24°. Costaz (Anthelme), l'un des secrétaires de la société d'encouragement ;

25°. Gengembre, inspecteur-général des monnaies ;

26°. Jomard, chef de bureau à la préfecture de la Seine ;

27°. Vincent, chef de bureau au ministère de l'intérieur ;

28°. Vassal, membre de la chambre de commerce ;

29°. Fabricius, conseiller de S. M. le Roi des Pays-Bas ;

30°. De Sauvage, inspecteur-adjoint de la navigation ;

31°. Baudin, capitaine de vaisseau ;

32°. L. Ternaux fils, manufacturier ;

33°. Varillat, chef de la fabrique de Louviers ;

34°. Sylvestre, membre du comité d'agriculture de l'académie ;

35°. Boscheron, membre du conseil-général du département.

La réunion des personnes engagées à prendre connaissance de cette opération n'ayant été complète que vers les onze heures, c'est alors que des ouvriers, appelés à cet effet, ont commencé, en présence des personnes ci-dessus dénommées, à déblayer les terres qui recouvraient l'ouverture du silo ; nous avons préalablement reconnu, comme tous les assistans, que la superficie du terrain qui recouvre le silo, à côté du chemin public et sans abri, est dans le même état que nous l'avions laissé l'année dernière, et qu'elle a été exposée à toutes les variations de l'atmosphère et à l'influence du chaud et du froid, de la sécheresse et de l'humidité depuis cette époque. Les premières terres déblayées, on a enlevé la pierre ou dalle, qui, scellée avec du plâtre, couvrait entièrement l'ouverture ; ensuite il a été procédé à l'enlèvement des pierres et débris de tuf qui remplissaient la capacité de la cheminée. Nous avons remarqué que ces débris avaient conservé quelque humidité.

Le couvercle de bois de chêne a été enlevé, et il a été sorti de l'intérieur du silo une couche d'environ 32 centimètres de paille qui recouvrait le grain; cette paille était un peu humide, mais non corrompue : là, nous avons remarqué la couche supérieure du grain, et reconnu qu'il y avait affaissement de la masse d'environ 8 centimètres. Une poignée prise sur cette couche, avait l'odeur d'un grain tenu quelque temps renfermé dans un lieu humide; mais en écartant le grain de cette première couche, nous avons reconnu qu'à une profondeur de 5 à 8 centimètres seulement, le grain n'avait plus cette odeur, et qu'il était sain, frais, sans goût ni odeur, et parfaitement conservé.

Il a été fait alors usage d'une sonde, au moyen de laquelle il a été facile de puiser, à la profondeur de quelques décimètres (10 à 12), une portion de grain qui a été trouvée dans l'état le plus satisfaisant.

Il a été procédé sans désemparer à l'extraction de ce grain, et il a été reconnu que cette portion de blé qui avait un peu souffert montait à un peu moins d'un hectolitre, qui a été étendu à l'air libre, et dont il sera encore question plus bas. Le reste du blé a été sorti du silo, sans discontinuer; cette opération n'a été terminée que vers neuf heures du soir, et jusqu'au dernier grain, il s'est trouvé dans le meilleur état de conservation.

A diverses reprises, et pendant l'opération, différentes personnes sont descendues dans le silo, tant pour reconnaître l'état du grain que celui de la garniture intérieure de paille; et comme il a été observé par quelques-unes que le blé leur paraissait médiocrement sec, et par quelques autres que celui qui était en contact avec la paille de la garniture leur paraissait aussi présenter quelqu'apparence d'une moindre siccité que celui du cœur du silo, il a été répondu unanimement par les personnes qui avaient été présentes à l'opération du 10 décembre 1819, qu'elles n'apercevaient pas cette différence; que quant à l'état du blé, il était parfaitement conforme à celui dans lequel il avait été mis, et qu'il fallait se reporter, à cet égard, aux circonstances de l'introduction du grain, lesquelles sont constatées par notre procès-verbal dudit jour, déjà cité; ce que nous reconnaissons de la plus exacte conformité.

Quant à la garniture intérieure en paille, il a été reconnu que dans toutes les parties en contact avec le grain, elle est saine, blonde, de bonne odeur, et sans aucune altération; mais sondée dans son épaisseur, dans tous les endroits qui ont été visités, 45 millimètres de celle qui est appliquée contre les parois, s'est trouvée humide, ayant l'odeur du tuf, mais non encore corrompue, ni même noircie; enfin, l'état de la surface de cette garniture de paille est si satifaisant à l'œil, au toucher et à l'odorat, qu'il a fait mettre en question s'il ne serait pas économique pour l'opération, de faire servir le même silo dans l'état où il se trouve, sans renouveler la paille. M. Ternaux aîné, dont l'intention est de conserver le même grain par la même méthode, mais pendant un plus long-temps, préfère renouveler la paille en partie, pour ne pas manquer aux lois de la prudence, surtout dans une opération de ce genre, dont les procédés sont si peu connus en France; mais il a été reconnu sans contradiction que le blé aurait pu rester encore deux ou trois ans dans le silo, ainsi garni, sans courir aucun danger pour sa conservation.

Pendant l'extraction du grain, il a été transporté dans l'orangerie voisine, où il a été procédé au mesurage au demi-hectolitre, et à la reconnaissance du poids du grain, en pesant une mesure sur dix; il a été tenu note exacte de cette opération, dont nous avons consigné ici le résultat.

Il a été compté 411 mesures 1/3 ou 205 h. 66 lit. 6 déc.

Détail des Pesées.

				l'hect.						l'hect.	
N°.	1	à	9 k°.	73	8	N°.	210	à	219 k°.	76	4
	10	à	19	74	5		220	à	229	76	4
	20	à	29	74	2		230	à	239	76	1
	30	à	39	74	4		240	à	249	76	5
	40	à	49	74	7		250	à	259	77	»
	50	à	59	74	7		260	à	269	77	1
	60	à	69	74	7		270	à	279	77	2
	70	à	79	74	7		280	à	289	77	2
	80	à	89	75	1		290	à	299	77	3
	90	à	99	74	7		300	à	309	77	3
	100	à	109	74	7		310	à	319	77	3
	110	à	119	74	8		320	à	329	77	4
	120	à	129	75	1		330	à	339	77	2
	130	à	139	75	7		340	à	349	77	6
	140	à	149	75	8		350	à	359	77	»
	150	à	159	76	»		360	à	369	76	6
	160	à	169	75	8		370	à	379	77	»
	170	à	179	75	8		380	à	389	76	3
	180	à	189	76	4		390	à	399	76	5
	190	à	199	76	5		400	à	409	75	7
	200	à	209	76	4		410	à	411 2/5	76	6
									Total. . . .	3192	9

D'où il résulte que le poids moyen d'un hectolitre étant de 76 kilogr., les 205 hectol. 66 litres 6 déc. trouvés, donnent un poids total de 56 quintaux métriques, 30 kil., et qu'il y a eu 6 hect. 66 lit. 6 déc. de bénéfices sur la mesure, soit environ 3 33/100, et perte sur le poids de 3 quintaux métriques 6 décagrammes, ou environ 2 33/100.

Plusieurs personnes qui n'avaient point été présentes au commencement de l'opération, sont survenues pendant, à la fin, et après l'opération ; savoir :

36. Le général Mathieu Dumas, conseiller d'Etat ;

37. Johannot, payeur général des ministères;

38. Julien, maire d'Epinay;

39. Hains, inspecteur général des douanes ;

40. De Rougemont, directeur des douanes de Paris,

41. Tourton, banquier ;

42. Dufresne de la Chauvinière, colonel d'état-major de la garde nationale ;

Ainsi que beaucoup d'habitans du lieu et des environs, cultivateurs, meûniers, boulangers et autres, qui ont examiné l'état du grain, l'ont trouvé bien conservé, très-propre à la mouture, la farine moëlleuse, d'un bon goût, d'une extrême blancheur, et d'une panification probablement facile.

Vers huit heures du soir, l'hectolitre de grain qui avait été mis à part, a été examiné de nouveau, et il a été remarqué que quoique ce grain n'eût pas été pelleté, et que le temps fût couvert et doux, il avait déjà perdu la plus grande partie de l'odeur qu'il avait eue en sortant du silo, ce qui a conduit à remarquer qu'à la mastication, la farine n'avait aucun mauvais goût, et que l'odeur d'humide n'avait pas pénétré le son; d'où il suit qu'il ne peut pas même être considéré comme avarié.

M. Ternaux nous a présenté un sac du même blé, qui avait été laissé dans les greniers ordinaires ; ce blé a été trouvé assez bien conservé ; pourtant quelques grains sont percés par le charençon: sa pesanteur s'est trouvée être de 75 k^s. 1 déc. l'hect.

Un autre échantillon du même blé qui avait été mis dans une bouteille fermée d'un bouchon, et enterrée à deux pieds de profondeur, dans un lieu couvert et habité, a été reconnu sec, mais gercé et retrait.

Le poids de ce blé s'est trouvé être de 75 k°. l'hectolitre. Comme il n'avait point été pesé l'année dernière, on ne pourrait aujourd'hui faire une comparaison exacte ; mais en prenant pour terme de comparaison approximative, le poids moyen de ce blé au 10 décembre 1819, il est évident que celui conservé sur le grenier a éprouvé un déchet plus considérable.

M. Ternaux nous a invité à consigner au présent, que son intention est de replacer le même grain dans le même silo, mais pour l'y conserver cette fois dix-huit mois ou deux ans ; ce qui aura lieu aussitôt qu'une partie de la garniture en paille sera changée.

Il sera enlevé des échantillons du tuf pris dans l'intérieur de la fosse, à différentes hauteurs, pour être analysés de nouveau, et reconnaître si ce tuf contient les mêmes proportions d'eau que celles indiquées par notre précédent procès-verbal ; à ce sujet, M. Ternaux nous a prié de mentionner ici une lettre de M. le chevalier Bosc, que nous transcrivons sur l'original à nous présenté.

Paris, le 11 décembre 1819.

Monsieur, il résulte de l'analyse que je

viens de faire de la marne prise hier au fond de votre silo, qu'elle contient trois huitièmes d'eau; ce qui me ferait croire qu'il y aurait plu, malgré la tente qui en recouvre l'ouverture, si la composition que j'ai reconnue dans cette marne ne me fesait pas soupçonner que toute sa masse en contient une même quantité. En effet, c'est l'argile qui s'oppose le plus aux infiltrations, et sa proportion dans cette marne desséchée n'est que de 1/8 sur 3/8 de sable quartzeux, et moitié de calcaire. Si votre expérience réussit, elle prouvera tout ce qu'il est possible de désirer ; mais je suis persuadé plus qu'hier qu'il sera prudent de faire visiter votre silo au printemps prochain, pour en retirer le blé, s'il est jugé trop humide pour y rester. Je crois qu'il est bon de consigner cette analyse dans le procès-verbal de l'opération.

Signé Bosc.

Le thermomètre plongé dans la masse du grain, à diverses profondeurs, pendant le cours de la journée, a varié de 11 à 15 degrés de Réaumur, et à l'air extérieur de 6 à 11.

Fait, clos et arrêté le présent procès-verbal, auquel sont invitées à signer avec nous les personnes y désignées.

A Saint-Ouen, les jour, mois et an que dessus.

Signé J.-B. POIRIÉ, G.-L. TERNAUX l'aîné, SILVESTRE, JOMARD, le Comte de LASTEYRIE, KÉRATRY, WALKNAER, GÉRARD, GENGEMBRE, J.-B. SAY, MONTAMANT, BUSCHE, FABRICIUS, DE ROUGEMONT, DE SAUVAGE, VINANT, Ch.-Anthelme COSTAZ, HACHETTE, CHABROL, VASSAL, BOSCHERON, A. JAUBERT, Ch. BAUDIN, TOURTON, le Comte DUMAS, HAINS, J. ANDRIEUX, JULIEN, BÉRARD, LAROCHEFOUCAULT, DAIGREMONT, CHAMPION DE VILLENEUVE, TERNAUX-ROUSSEAU.

PROCES-VERBAL

De la Mouture du Grain.

L'AN mil huit cent vingt, les neuf et dix novembre, dans le but de comparer, dans leurs résultats, à la mouture et à la panification, les blés conservés dans la terre, à Saint-Ouen, par M. le baron Ternaux, et ceux de même nature conservés par la méthode ordinaire, il a été procédé, en présence de MM. les commissaires délégués par M. le comte de Chabrol, conseiller d'Etat, préfet de la Seine, dans le moulin de M. Destors, à Saint-Denis, où étaient aussi :

M. Destors, négociant en grains, propriétaire du moulin,

M. Ternaux aîné, manufacturier, etc.,

Et M. Jourdain, ancien directeur des subsistances militaires, à la mouture (par les procédés de la mouture économique), des trois sortes de blé froment, dont désignation suit, et qui ont été pris, devant les assistans, dans les greniers de M. Ternaux, à Saint-Ouen, et provenant des sources suivantes :

SAVOIR :

N°. 1 : 252 kilo net de blé qui avait été conservé au centre du silo, et qui est resté en tas depuis sa sortie de la fosse de St.-Ouen ;

N°. 2 : 63 kilo net du même blé, qui avait été conservé par la méthode ordinaire sur les greniers, pour le comparer avec celui conservé par la nouvelle méthode ;

N°. 3 : 82 kilo 50 net du blé qui s'était trouvé humide à l'ouverture du silo, à cause de son contact avec le couvercle, le blé qui a été pelleté et étendu a perdu une grande partie de son odeur. (Ces 82 kil. 50 sont la totalité de ce blé humide.)

Ayant soumis les trois parties de blé préalablement et séparément à l'action du tarare, elles ont produit :

Le N°. 1, 247.50 net déchet 4,50 ou 1,81/100 p^r. 0/0.
2, 62.50 net déchet 0,50 ou 0,80/100 *id.*
3, 81. » net déchet 1,50 ou 1,85/100 *id.*

Il n'a pas été tenu compte, dans les épreuves, d'un quatrième sac de blé du fond du silo, dont on s'est servi pour engrainer le moulin et préparer la mouture des trois épreuves de blé sur lesquelles le but est de faire l'expérience jusqu'à la panification.

En conséquence, les blés ci-dessus désignés par numéros, ont été livrés successivement, en commençant par le n°. 1, à l'action des meules et des blereaux, et après les procédés ordinaires, pour en obtenir les divers produits donnés par la mouture économique, chacun a donné les résultats suivans :

1°. Les 247 50 kil. du N°. 1 ont produit. 245 k. 80

SAVOIR :

pour cent.			kil.					
32	93/100	Farine de blé	81	50	128	»	247	50
18	79/	1er. gruau	46	50				
15	95/	2e. gruau	39	50	66	50		
5	25/	Farine, 3e. qual.	13	»				
5	65/	— 4e.	14	»				
20	72/	Recoupe. . .	13	30	51	30		
		Son. . . .	14	»				
		Remoulage. .	11	»				
		Recoupette. .	13	»				
0	71/	Evaporation à la mouture et au blutage.			1	70		
100	»							

2°. Les 62 kilo 50 du N°. 2 ont produit 63 k. 00

39	20/100	Farine de blé	24	50	35	»	63	»
16	80/	1er. gruau	10	50				
23	52/	Gruau et Far. à remoudre. .	14	50	28	»		
21	28/	Sons gros. . .	13	30				
100	80/000							

Les cinquante décagrammes qui se trouvent en trop, proviennent sans doute de l'engrainage de la mouture précédente, ce qu'il est difficile d'éviter dans des expériences faites sur des quantités de grains si peu considérables.

3°. Les 81 kil. du blé criblé N°. 3 ont produit 80 70

50	»7/100	Farine de blé	40	50	55 20	80 70	
18	15/	1er. Gruau.	14	70			
14	44/	Gruau et Far. à remoudre. .	11	70	25 50		
17	23/	Sons gros. . .	13	80			
»	38/	Déchet de mouture et évaporation au blutage.					» 30
100	»						81 »

Il n'a été remarqué aucune différence sensible entre les produits des trois n°s. comparés les uns aux autres, et chaque blé a bien produit toutes ses nuances de farine ; les farines de blé et gruau ont été trouvés d'une excellente qualité : ceux-ci étant destinés à être convertis en pain, ils ont été mis dans six sacs cachetés sous l'empreinte (E), avec des étiquettes comme suit :

Farine de blé,	N°. 1,	81	50	128 »
Gruau,	» 1,	46	50	
Farine de blé,	» 2,	24	50	35 »
Gruau,	» 2,	10	50	
Farine de blé,	» 3,	40	50	55 20
Gruau,	» 3,	14	70	

Pour être conduit à l'adresse de M. J. J. Gobay, boulanger, rue du faubourg Saint-Antoine, n°. 186, chez lequel se fera la panification, lorsque les farines seront suffisamment reposées.

Les farines et gruaux à remoudre des n°s. 2 et 3, et les issus des n°s. 1, 2 et 3, ont été laissés à la disposition de M. Ternaux, ainsi que le produit du blé n°. 4.

Fait et clos à Saint-Denis, au moulin de M. Destors, les jour, mois et an que dessus, et ont signé MM.

JOURDAIN, DESTORS, CLÉMENT, BUSCHE, MINOT, BOSC.

PROCES-VERBAL

De la Panification.

27 et 28 novembre 1829.

L'AN mil huit cent vingt, les vingt-sept et vingt-huit novembre, il a été procédé, dans la boulangerie de M. J. J. Gobay, demeurant rue du faubourg Saint-Antoine, n°. 186, en présence de MM. les commissaires délégués, par M. le préfet de la Seine, (MM. Busche, directeur général de la réserve, et Minot, contrôleur des manutentions civiles de Paris), et en présence aussi de MM. Ternaux aîné, manufacturier, le chevalier Bosc, membre de l'Institut; Jourdain, ancien directeur des subsistances militaires, et Bonnefoux, ancien manutentionnaire des armées, à la fabrication du pain avec les farines n°s. 1, 2 et 3, provenant des grains dont l'origine est désignée dans le procès-verbal de mouture des neuf et dix novembre suivant. Ces trois sortes de farines ont été traitées exactement par les mêmes procédés ; les levains ont été commencés le vingt-sept, à neuf heures du soir, par un chef de pâte de pain blanc de troisième fournée, de 3 kilogrammes pour la farine n°. 1, et d'un kilogramme et demi pour chacune des farines n°s. 2 et 3, conduit pendant la nuit du 27 au 28, sous la direction de MM. Minot et Bonnefoux.

Les six sacs contenant les farines ont été reconnus bien clos et scellés du cachet apposé à leur arrivée à la boulangerie, lequel cachet a été rompu pour y prendre les portions de chaque espèce de farine nécessaire aux levains.

Et le vingt-huit novembre, à six heures et demie du matin, les levains étant reconnus à point, il a été procédé séparément au pétrissage des farines et à la cuisson du pain, et les trois espèces de farine ont produit les résultats suivans, qui ne peuvent être regardés comme rigoureusement exacts pour les quantités :

1°. Parce qu'il n'a pas été fait compte des

chefs dont on a fait les levains, ni des portions de farine qui ont été prélevées pour être soumises à des expériences analytiques;

2°. Parce qu'il n'a pas été tenu note de la température ni de la quantité d'eau employée;

3°. Parce dans une expérience faite sur d'aussi petites quantités, il est impossible de réunir toutes les circonstances de fabrication qui sont strictement nécessaires pour obtenir des résultats bien positifs:

1°. 128 kilogr. de farine n°. 1, provenant du blé conservé dans le silo, ont donné 77 pains 1/2 de 2 kil. l'un; soit: 155 kilogr. ou 121 09/100es. pour 100 de farine.

2°. 35 kilogr. de farine n°. 2, provenant du blé conservé par la méthode ordinaire sur les greniers, pour en faire la comparaison avec les précédentes, ont donné 21 pains 1/4 de 2 kil.; soit: 44 kilog. 1/2, ou 127 14/100es. pour 100 de farine.

3°. 55.2 kilogr. de farine n°. 3, provenant du blé qui s'est trouvé avoir une odeur d'humidité à l'ouverture du silo, ont produit 34 pains et demi de 2 kilogrammes; soit: 69 kilog. ou 125 pour 100 de farine;

et quant aux qualités des trois sortes de pain, le pain du n°. 1 est le plus blanc, et sans aucune odeur étrangère à celle du bon froment; il est bon au goût, il a bonne apparence, et est bien fabriqué. Si son volume n'est pas considérable comparativement au pain de la boulangerie de Paris, on doit l'attribuer à sa nouvelle fabrication, l'habitude en boulangerie étant de passer la première fournée et quelquefois la seconde en pain sans grique et en pain rond.

Quant à sa couleur, il a été moins susceptible d'en prendre considérablement, les levains étant jeunes et la pâte ferme, quoique le four ait été chauffé à point.

Le pain du n°. 2 n'a pas un œil aussi beau que celui du n°. 1. Sa fabrication est à peu près la même; le goût n'en est pas aussi agréable, l'apprêt n'est pas aussi bien, et la couleur en est beaucoup plus terne.

Les mêmes observations faites au n°. 1, sont applicables au second, relativement au volume et à la façon.

Il a la couleur plus chargée (quoiqu'en pâte batarde); ce qu'on pourrait attribuer, ou à du blé mal sain, ou à une farine trop froide au pétrin, et sur laquelle on aurait coulé l'eau trop chaude. Cette dernière observation, que l'on pourrait attribuer à la boulangerie comme une faute dans la fabrication, serait excusable; en général, les boulangers font presque toujours école sur la première fournée; ils n'obtiennent presque jamais à la première le résultat qu'ils obtiennent ensuite à la deuxième, à la troisième, et successivement.

Le pain du n°. 3 a l'extérieur d'un pain provenant de farines qui ont souffert. Il est cependant moins terne que le précédent. On voit toujours en fabrication que le pain qui provient de farines marronnées ou altérées par diverses causes, est chargé de couleur et porte le goût du levain trop vieux : malgré le parfait travail, la pâte ressue et le four a plus d'action sur la croûte, à cause de la privation ou de l'altération du gluten par toutes les causes possibles d'altération; le pain a mauvaise façon, mauvais apprêt, et le goût des denrées qui ont souffert domine; il cuit ordinairement à l'extérieur; mais l'intérieur est gras, et la croûte se lève.

Toutes ces mauvaises qualités ne se sont pas trouvées dans le pain n°. 3 ; mais il participe un peu de toutes.

En dernière analyse, le résultat de la fabrication classe comme il suit :

Le n°. 1, c'est-à-dire le pain provenant du blé conservé sous terre, en première ligne ;

Le n°. 3, ou celui du blé trouvé humide à l'ouverture du silo, en seconde ligne ;

Le n°. 2, ou le pain provenant du blé conservé sur le grenier, en troisième et dernière ligne.

Dressé le présent procès-verbal, auquel ont signé avec nous les témoins de l'opération.

A Paris, le vingt-huit novembre mil huit cent vingt.

Signé JOURDAIN, DESTORS, BUSCHE, J. BONNEFOUX, CLÉMENT, MINOT, J.-J. GORAY, BOSC.

PLAN
DU SILO.

AA grand diamètre du cône tronqué AABB	3	850
BB petit diamètre du même cône	3	200
KF hauteur du même cône	1	500
AA petit diamètre du tronc de cône AACC	3	200
CC grand diamètre du même cône	3	250
FG hauteur du même cône	1	800
CG ou GO rayon de la partie sphérique	1	625
DD diamètre de la cheminée	1	[illegible]
DH hauteur	1	300

DETAIL

DES FRAIS DE CONSTRUCTION.

FRAIS DE CONSTRUCTION DU SILO, ET ACHATS D'USTENSILES.

Mémoire des terrassiers qui ont creusé la terre, 5 toises 123/216 cubes, à 12 f. la t.		66 f. 95 c.	(*)
Mémoire des Journées payées par Remy, pour l'enlèvement des terres.		45 »	(*)
Mémoire du maçon.	180 f. 30 c.	330 30	(*)
Achat de 3000 briques à 50 f. le mille.	150 »		(*)
Mémoire du menuisier pour modèle en bois du cintre et du chapeau qui ferme l'ouverture intérieure.		25 90	(*)
200 crochets en fer, du poids d'une livre au prix de 60 centimes.		120 »	(**)
TOTAL des frais de construction et d'achat d'ustensiles.		587 95	

(*) On sait que ces dépenses, montant à 356 fr. 20 c., seraient réduites des 4/5 si la fosse étant creusée dans un terrain solide, on se contentait de faire l'ouverture en maçonnerie, comme cela se pratique dans les pays ou les fosses en terre sont en usage.

(**) Ces crochets auraient pu n'être que d'une demi-livre; ls peuvent d'ailleurs, dans les Silos en terre, être remplacés par des crochets en bois.

FRAIS DE GARNITURE INTÉRIEURE DU SILO.

Achat de Paille de seigle.			
26 bottes à 125 fr. le cent . . . . 32 f. 50 c.	72 f.	10 c.	(*)
44 id. à 90 fr. id. 39 60			
Achat de 15 fagots au prix de 26 francs le 100	3	90	
Façon de Paillasson du fond.			
3 journées à 1 fr. 10 c. 3 30	11	10	
4 livres ficelle à 1 fr. 40 c. . . . 5 60			
15 journées d'ouvriers employés à garnir de paille l'intérieur, à 1 fr. 75	26	25	
50 baguettes d'osier à 4 fr. le 100.	2	00	
2 journées d'un ensileur pour introduire, placer et tasser le grain dans le silo . . .	6	00	
Intérêt de 587 f. 95 c. des frais de construction, à 6 pour 100 par an	35	28	
Total des frais d'ensilage.	156	63	

Frais de construction : 587 fr. 95 centimes.
Frais d'ensilage : 156 fr. 63 centimes.

(*) Il est facile de remaquer que le prix de ces pailles est exorbitant, mais la paille de l'année étant noire, on n'a voulu employer que celle de 1818, que les détenteurs ont vendue ce qu'ils ont voulu : en paille de l'année, ç'eût été une dépense de 15 à 16 f., à raison de 20 f. le cent de bottes.

De l'Imprimerie de Madame veuve PORTHMANN, rue Ste.-Anne, n°. 43, vis-à-vis la rue Villedot.

www.ingramcontent.com/pod-product-compliance
Ingram Content Group UK Ltd.
Pitfield, Milton Keynes, MK11 3LW, UK
UKHW022129260726
13993UKWH00003B/1331